AF454535

FORMATION

SIMULTANÉE

DU PLATEAU ET DES VALLÉES DE LA BRIE,

PRÉEXISTENCE DES SOURCES

ET PONDÉRATION DES COURS D'EAU.

FORMATION

SIMULTANÉE

DU PLATEAU ET DES VALLÉES

DE LA BRIE,

PRÉEXISTENCE DES SOURCES

ET

PONDÉRATION DES COURS D'EAU,

PAR

Victor PLESSIER.

⁂

PROVINS :

LEBEAU, Imp.-Libr., Éditeur de la *Feuille de Provins;*

PARIS :

F. SAVY, Éditeur, Libraire de la Société géologique de France et d'Angleterre, rue Haute-Feuille, 24 ;

DENTU, Éditeur, Palais-Royal, Galerie d'Orléans.

1864.

MODE DE FORMATION

SIMULTANÉE

DU PLATEAU ET DES VALLÉES DE LA BRIE,

PRÉEXISTENCE DES SOURCES

ET PONDÉRATION DES COURS D'EAU.

Je viens signaler à l'attention publique et à l'examen des savants le mode de formation du plateau et des vallées de la Brie, tel que me l'a révélé une longue étude de cette contrée.

Le relief terminal de la Brie sur la Champagne, s'élevant en moyenne de cent mètres au-dessus du terrain crayeux, la bifurcation de l'une des vallées et l'interruption d'une autre sont les phénomènes dont l'observation m'a conduit à la connaissance du mécanisme d'édification que j'entreprends d'exposer.

Le flot de la mer s'étendant sur la craie y déposa graduellement les sédiments dont se compose le plateau, en même temps que l'action des cours d'eau forma les vallées. On a ainsi l'explication rationnelle de la structure du plateau, avec toutes ses ondula-

1

tions, et de la conformation des vallées avec leurs diverses sinuosités et leurs coteaux aux pentes douces ou rapides.

La théorie que j'émets, appuyée sur de nombreuses observations concordantes et justifiée par d'incontestables lois, est applicable à tous les terrains tertiaires, et me paraît devoir être substituée aux systèmes de dislocation et d'érosion qui ne se sont produits qu'à défaut d'une explication satisfaisante.

Elle se concilie avec la composition du plateau telle que la science l'a constatée, en éliminant toutefois les fausses inductions tirées de la présence des fossiles.

Quoique la formation ait été simultanée, pour plus de clarté j'exposerai successivement le mode de formation du plateau et celui des vallées.

A la formation des vallées se rattachent les preuves de l'antériorité des sources et de la pondération des cours d'eau.

A ceux qui seraient étonnés que le mode de formation des terrains tertiaires, resté ignoré jusqu'à ce jour, soit découvert par un homme qui n'a aucune prétention scientifique; il m'est permis de dire que les observations, qui sont la base de ma théorie, n'ont été recueillies que pour l'établissement tout récent de la carte de France du Dépôt de la Guerre.

I.

MODE DE FORMATION DU PLATEAU.

Exposé :

La Brie est une partie du bassin de la Seine sise à droite du fleuve, partant de la chute de la Marne et s'étendant à l'est entre ces deux grands cours d'eau. D'une superficie de 7000 kilomètres carrés, elle a la forme d'un losange et se trouve comprise entre 0° 5' et 1° 40' de longitude est, 48° 22' et 49° 6' de latitude nord.

Elle a deux pentes peu sensibles : l'une longitudinale de l'est à l'ouest, et l'autre latérale du nord au sud perpendiculairement à la Seine.

Le plateau de la Brie appartient aux terrains tertiaires, repose sur la craie, et se termine à l'orient par un escarpement d'une hauteur moyenne de 100 mètres, allant de la Seine à la Marne, au delà duquel la craie reste apparente. Ce relief, qui indique la puissance du plateau, fait la démarcation de la Brie et de la Champagne, en même temps que la limite du bassin géologique de Paris entre Montereau-faut-Yonne et Epernay.

Composé de matières que la mer transporta, il fut formé par le mouvement alternatif du flux et du reflux. Le flot venant de l'ouest, montant par la

Seine et ses affluents et s'épendant sur la craie stérile, s'arrêta au relief qui se voit à l'orient. A chaque apparition il déposa une couche de sédiments. Poussé par la force de la marée, il se développa longtemps dans le même espace et s'éleva successivement sur son propre travail sans être arrêté par la superposition des matériaux.

L'homme n'a pas le pouvoir de mettre en action des forces prodigieuses comme le flux de la mer ; mais si, à l'imitation de la marée, on vide souvent à la même place par un mouvement égal et intermittent un vase rempli d'une eau limoneuse, on verra bientôt se former une surface qui fera relief au pourtour.

La puissance des terrains tertiaires du bassin de Paris se montre sur la Champagne, parce qu'ils y sont à leur extrême limite [a] et ne s'avancent pas assez vers l'orient pour se marier avec les formations antérieures ; elle est masquée sur les côtés sud et nord, soit que le bassin se lie à d'autres terrains d'une hauteur égale ou supérieure, soit que la formation tertiaire se divise avec un autre bassin, comme le plateau d'Orléans, dont le versant septentrional descend à la Seine et le versant méridional à la Loire.

En aucun point du plateau de la Brie ne surgit une roche étrangère aux terrains tertiaires. Dépourvu par là même d'éminence, il n'offre d'autre accident que les vallées qui le découpent en plusieurs parties. Le progrès régulier de la double pente correspond sans

---

[a] Voir carte géologique de M. Elie de Beaumont.

interruption au mouvement de flux et de reflux qui s'est opéré par la Seine et ses affluents. On la suit aux divers sommets qui, après avoir vu se réunir et se séparer les flots montant et descendant par leurs différentes voies, servent maintenant au partage des eaux pluviales. Telle est sa constante gradation, qu'en consultant et comparant les nombreuses altitudes cotées sur la carte de France du Dépôt de la Guerre, il m'a été possible d'y reconnaître une erreur sans sortir de mon cabinet. La feuille n° 34 donnait à la butte de Montretout, sur la rive gauche de la Marne, entre Meaux et la Ferté-sous-Jouarre (long. E. 0° 43', latit. N. 48° 57'), une hauteur de 209 m. impossible à cette place, bien qu'elle existe à Cocherelles qui n'en est qu'à 10 kilom. (long. E. 0° 48', lat. N. 49°). M. le général directeur du Dépôt de la guerre, à qui j'ai eu l'honneur de communiquer mon observation, a fait rectifier l'erreur qui provenait de la gravure. L'altitude n'est réellement que de 109 mètres.

PREUVES FOURNIES PAR LES ALTITUDES.

1° ALTITUDES DE LA RIVE DROITE DE LA SEINE.

Les altitudes des divers sommets de la ligne de partage des eaux sur la rive droite de la Seine, dans la Brie, s'élèvent graduellement de l'ouest à l'est; ainsi on trouve :

137 mètres d'altitude à Bailly-Carroy (0° 42' long.

E. et 48° 36' lat. N.), à la naissance du ru d'Encœur, affluent du ru d'Anqueuil, qui se jette dans la Seine à Melun ;

150 m. au rond point de Villeneuve-les-Bordes (0° 44' long. E., 48° 29' lat. N.), à la naissance de l'Auxence que continue le ru de Volangis qui se décharge dans la Seine à Vimpelles, entre Montereau-faut-Yonne et Bray ;

179 m. entre Courchamp et S.-Hillier (0° 58' long. E., 48° 39' lat. N.), au point de partage des eaux de l'Yères et du Durtein, affluent de la Voulzie qui a son embouchure dans la Seine au-dessous de Bray ;

202 m. à Seu (1° 17' long. E., 48° 41' lat. N.), au point de partage des eaux entre le Grand-Morin, affluent de la Marne, et la Noxe qui donne ses eaux à la Seine, près de Nogent ;

215 m. près Lachy (long. E. 1° 22' et lat. N. 48° 48'), à la naissance du Grand-Morin, qui se bifurque et envoie ses eaux à la Seine dans deux directions opposées : au nord-ouest par la Marne, dans laquelle il se jette à Condé-Ste-Hibiaire, entre Meaux et Lagny ; et au sud-est par l'Aube, où il a une autre embouchure, à Boulage, sous le nom de Ruisseau des Auges ; cette rivière offre ainsi une envergure de plus de 120 kilomètres.

2° ALTITUDES DE LA RIVE GAUCHE DE LA MARNE.

Les altitudes des divers sommets de la rive gauche de la Marne présentent également une progression constante de l'occident à l'orient ; mais à longitude égale elles sont supérieures à celles de la rive droite de la Seine ; cette surélévation est produite par la pente latérale qui va du nord au fleuve.

A 125 mètres au-dessus de la mer, le Montéty (0° 18' long. E., 48° 45' lat. N.) partage les eaux entre le Réveillon, affluent de l'Yères, et le Mortbras, affluent de la Marne.

A 153 m. d'altitude, le Moulin de Jossgny (0° 26' long. E., 48° 50' lat. N.) partage les eaux entre la Gaudoire, qui a sa chute dans la Marne, et un ruisseau qui a son embouchure dans l'Yères, à Chaumes.

A 157 m. la butte de Lumigny (0° 38' long. E., 48° 43' lat. N.) partage les eaux entre l'Yères et divers affluents du Grand-Morin.

A 175 m., Montebise, commune de Pierre-Levée (0° 43' long. E. et 48° 54' lat. N.), partage les eaux entre divers ruisseaux qui se jettent, les uns au sud, dans le Grand-Morin, et les autres au nord, dans la Marne. Montretout, entre la Marne et Montebise, ne peut dépasser ce point de partage des eaux en hauteur. C'est cette observation qui m'a fait reconnaître l'erreur de cote de la carte de France : Ou bien Montebise avait plus de 175 m., ou Montretout n'en avait pas 209. La hauteur de Montebise concorde avec les autres altitudes. Mais celle donnée à Montretout introduisait une perturbation inconciliable avec l'action du flot.

A 208 m., le territoire de Bassevelle (0° 54' long. E., 48° 56' lat. N.), partage les eaux entre deux ruisseaux, dont l'un se jette dans la Marne, à Nogent-l'Artaud, et l'autre dans le Petit-Morin, à Sablonnières.

A 228 m., le Mont S.-Léger (1° 4' long. E., 48° 54' de lat. N.) partage les eaux entre le ru de Verdelot, affluent du Petit-Morin, et le ru de Vergès, tributaire de la Marne.

Et à 254 m. le pâtis de Troissy (1° 21' de long. E., et 49° 4' de lat. N.) fait encore le partage des eaux entre le Petit-Morin et la Marne. Ce lieu, le plus élevé de la Brie et très-rapproché de la limite orientale du plateau, en occupe le point le plus septentrional. Personne ne s'aviserait de chercher en Brie une surface plus basse que le confluent de la Seine et de la Marne où arrivent toutes les eaux de cette contrée. De même on ne trouverait pas dans tout le plateau une altitude supérieure à celle que le pâtis de Troissy doit à sa situation latérale et longitudinale relativement à la Seine.

Les terrains tertiaires, continuant à s'élever progressivement à droite de la Marne comme entre cette rivière et la Seine, atteignent 280 m. d'altitude dans le voisinage du camp de Châlons, à Verzy (1° 49' long. est, 48° 8' lat. nord). Si l'on compare cette situation avec celle du pâtis de Troissy, le lieu le plus élevé entre la Seine et la Marne, on aura une preuve entre autres du commencement de la pente latérale de ces terrains, sur la rive droite de la Seine, en dehors de la Brie.

On remarque à Verzy un grand nombre de hêtres fort anciens, dont les troncs sinueux sont d'une difformité extraordinaire. Chacun de ces arbres forme un berceau sphérique avec ses branches courbées et recourbées de mille manières et greffées naturellement par approche sur tous les points où elles se rencontrent. C'est là une végétation des plus bizarres, qui provient, tant de la mauvaise qualité d'un sol composé de silex et d'argile, que des influences météorologiques attachées au climat et à une hauteur qui domine de toutes parts une immense étendue, et dépasse de 200 mètres le lit de la Vesle, au pied de la colline.

II.

MODE DE FORMATION DES VALLÉES.

PRÉEXISTENCE DES SOURCES ET PONDÉRATION DES COURS D'EAU.

Exposé :

De même que le relief terminal, les vallées sont inhérentes au plateau. Elles font défaut dans le terrain crayeux de la Champagne, où ruisseaux et rivières coulent à fleur de terre entre de longues files de peupliers que la vue suit dans le lointain. Au contraire, les arbres qui bordent les cours d'eau de la Brie disparaissent dans la profondeur des vallées. Cette différence provient de ce que les rivières, non moins anciennes que la craie, sont antérieures au dépôt des terrains tertiaires. En effet, les matières dont ils se constituent se sont précipitées à la faveur du calme dans les intervalles qui séparent les divers cours d'eau. Mais l'action de chaque rivière ou ruisseau a formé la vallée, en entraînant les corps solides qui lui eussent fait obstacle.

Les dimensions de la vallée varient partout avec le mouvement qu'éprouvèrent les eaux lors du travail de formation. Les affluents et les sinuosités en ont augmenté la largeur en développant par un angle la

zône d'agitation. Les coteaux aux pentes douces son t
la transition de l'action au calme. La raideur des collines témoigne de la tranquillité subite des eaux.

En s'élevant vers sa naissance la vallée s'étrécit
en même temps que le volume des eaux diminue.
Elle se termine par une sorte de couronne qui rayonne
au-dessus de la source en montant au plateau. La terre
a pris la forme ondulée du flot envahisseur. Mais
la vallée est-elle interrompue parce que la source est
en dehors du relief terminal? Elle s'évase et forme une
baie qui reçut les débordements du flux que la pente
du terrain crayeux ramena vers la vallée.

Loin d'être un jeu du hasard, les sinuosités d'une
rivière sont une nécessité de la pondération des
courants; la lenteur en certaines parties a fait obstacle à la vitesse qui se fût produite en d'autres, en
repliant le courant sur lui-même jusqu'à former un
équilibre nécessaire. Aujourd'hui, encore, si une
rivière corrode ses bords, c'est pour rétablir l'unifor-
mité de mouvement, rompue par un ensablement où
toute autre cause. Il est si vrai qu'elle tend à se développer pour atténuer sa vitesse, relativement trop
grande, que c'est toujours à l'endroit le plus rapide
qu'elle ronge ses berges.

Le plateau de la Brie n'a pas plus créé les cours
d'eau qui le divisent que la Seine et la Marne, dont
les sources sont en dehors du terrain tertiaire. Le
mode rationnel de formation indique que les sources
préexistaient. Au surplus, le Petit-Morin seul en serait
la preuve. Son cours qui commence à l'orient du pla-

teau s'y introduit par une brèche haute de 6o mètres ;
cependant il est plus élevé que le lit d'une petite
rivière champenoise, dont il n'est séparé que par un
intervalle de 3 kilom. et un tertre de 7 mètres. Si sa
source eût surgi postérieurement aux terrains tertiaires, le plateau de la Brie l'eût fait déverser dans
ce ruisseau, qui aurait porté ses eaux à la Marne par
une voie plus courte et plus rapide.

PREUVES FOURNIES PAR LES COURS D'EAU. [a]

INTÉRIEUR DU CONFLUENT DE LA SEINE ET DE LA MARNE.

Le sol, entre la Seine et la Marne, dans un rayon de
dix kilomètres de leur réunion, ne dépasse pas de
plus de 4o mètres le niveau de la mer, abstraction
faite du Montmesly, à gauche de la chute du Mortbras. Au-delà surgit la colline qui s'élève à une hauteur moyenne de 110 mètres et commence le plateau
de la Brie.

Le mode de formation du plateau et des vallées de
la Brie rend parfaitement compte de l'infériorité du
terrain dans l'angle du confluent, de l'élévation de
la colline et du développement du plateau, comme
aussi de l'existence du Montmesly.

Le flux de la mer, montant dans le sens opposé au

---

[a] **On peut suivre** tous les détails sur la carte du dépôt de la
Guerre.

courant de la Seine et de la Marne, a exercé sur leurs eaux une pression qui les a réunies et repoussées jusqu'à l'emplacement de la colline. Au reflux, les eaux s'entrechoquèrent également au-dessus de l'étroit passage du confluent. L'agitation ne permit pas aux sédiments de se précipiter du liquide qui les contenait en suspension. Mais en dehors des chocs ils constituèrent, en se déposant, la colline au-delà de laquelle se développe le plateau.

La hauteur de cette colline varie. De 89 mètres au milieu, elle s'élève à 132 m. sur la Seine, et reste à 108 sur la Marne. Ces inégalités s'expliquent de même. Le point le plus bas est dans l'axe du confluent. La dépression est l'effet d'un courant qui s'est établi en cet endroit, ainsi que l'indique une pente qui part de Brie-Comte-Robert, petite ville distante de 20 kilom. du confluent. Le point culminant est du côté de la Seine, en aval de la chute de l'Yères, qui, en amortissant le courant du fleuve, a favorisé à cette place l'amoncellement des sédiments. Du côté de la Marne, la colline a la hauteur moyenne des deux autres points, parce qu'elle a échappé à l'action du courant sans avoir la protection de la chute de l'Yères.

La situation elle-même de la colline a été déterminée par l'élargissement subit de l'angle du confluent, résultant d'un double changement dans la direction des cours d'eau. La Seine, à l'un des bouts de la colline, se porte du nord au midi, et la Marne, à l'autre extrémité, du sud au nord.

Quant au Montmesly, sa position, au-dessous de l'embouchure du Mortbras, indique que sa formation est un effet de la modération du mouvement des eaux, due à la présence de cet affluent. On trouve un monticule analogue en aval de la chute de l'Yères et de celle du Grand-Morin.

L'YÈRES.

1° A l'embouchure de l'Yères, on remarque que des deux collines qui bordent cette rivière, celle de droite s'avance plus près de la Seine que celle de gauche, qui s'arrête à 1500 m. du fleuve; la chute de l'Yères a favorisé le prolongement et l'élévation de la colline qui occupe l'angle externe du confluent en amortissant le cours du fleuve en aval; mais l'agitation des eaux qui s'est produite dans l'angle interne a maintenu les corps solides en suspension, ce qui se traduit par l'éloignement de la colline d'amont.

2° Le cours de l'Yères, depuis Rozoy jusqu'à la Seine, fait de nombreux circuits à courts rayons, formant une succession non interrompue de presqu'îles. Sur chaque rive sont des pentes inégales, les unes se dressant brusquement au-dessus de l'eau, et les autres s'allongeant lentement depuis la hauteur du plateau. A première vue ce spectacle paraît offrir un désordre inextricable; mais avec un peu d'attention, tout s'explique et revêt un caractère admirable de simplicité.

Le mouvement des eaux qui a formé la vallée s'est

produit dans l'axe du cours de la rivière et au-dessus du lit. La preúve de ce fait ressort de la situation de toutes les pentes abruptes aux saillies de la vallée, à droite comme à gauche. Le cours prédominant fut entre les écarts. Sur l'Yères, comme partout, la raideur des coteaux est à la limite de l'action tumultueuse des flots.

3° L'Yères, augmentée par d'abondantes sources, fait tourner en tous temps de nombreuses usines, à partir des environs de Brie-Comte-Robert jusqu'à Villeneuve-S.-Georges. Mais au-dessous de Rozoy, jusque près de Brie, elle ne coule régulièrement que pendant la saison des pluies. Outre que cette partie reçoit plusieurs affluents dont le cours n'est jamais interrompu, l'un des bras de l'Yères, en amont de Rozoy, coule incessamment. On attribue généralement la disparition des eaux à l'absorption du sol [a]. Dans mon opinion il faut l'imputer à l'évaporation développée par les sinuosités du courant. N'a-t-on pas calculé que dans la partie inférieure de la Seine, à partir de la chute de l'Oise, l'évaporation suffirait pour épuiser complètement toute l'eau qui passe à Paris, sans les nombreux affluents qui s'y versent [b].

---

[a] Notamment M. Pascal, Histoire de Seine-et-Marne, tome 1ᵉʳ, pag. 31.

[b] M. Alfred Maury, de l'Institut, la Terre et l'Homme, 2ᵉ édit. p. 145.

LE CONFLUENT DE LA VOULZIE ET DU DURTEIN.

La Voulzie, qui se jette dans la Seine au-dessus de Montereau-Faut-Yonne, près de Bray, a pour principal tributaire le Durtein, qui lui donne ses eaux à Poigny, au sud de Provins. Les deux modestes rivières ont leurs sources au-delà de cette ville, l'une à l'ouest et l'autre à l'est, et forment un angle fort aigu avant de réunir leurs eaux. Des coteaux tout à la fois gracieux et hardis, symétriquement disposés, s'élèvent à droite et à gauche du confluent et se prolongent avec l'angle. Cependant un contre-fort du terrain crayeux, qui porte le vieux Provins et que contourne le Durtein, rompt agréablement la monotonie qu'engendrerait une excessive régularité. Au nord de la ville se dresse la colline intérieure du confluent, dont la hauteur surpasse celle des collines latérales. Cette disposition constitue l'un des plus beaux sites de la Brie.

Chaque fois que la mer, montant par la Seine et la Voulzie, arriva à l'embouchure du Durtein, les deux petites rivières la barrèrent par leur disposition angulaire et furent refoulées jusqu'à la colline intérieure. A la marée basse les eaux se retirant avec une abondance qui rendait le passage du confluent trop étroit, se heurtèrent encore sur le même espace. L'agitation ne leur permit pas de se dépouiller dans ces limites des sédiments dont elles étaient chargées, mais elles les déposèrent en dehors et formèrent ainsi lentement et graduellement les coteaux qui entourent Provins.

LA MARNE ENTRE SON EMBOUCHURE ET LA CHUTE DU PETIT-MORIN, A LA FERTÉ-SOUS-JOUARRE.

1re *Section.*

Immédiatement au-dessus de la Seine, le cours de la Marne forme une série de varennes ou presqu'îles remontant jusqu'à Gournay et décroissant graduellement à mesure qu'elles s'éloignent du confluent : la première et la mieux conformée est celle de S.-Maur; la deuxième, encore bien dessinée, se trouve entre S.-Maur et Nogent ; les dernières s'affaiblissent de plus en plus jusqu'à se réduire à des courbes presque insensibles.

Le parcours de la Marne, dans cette première section, serait de 15 kilom. en ligne droite; mais il est réellement de 30 par le développement dû à ses déviations. La pente moyenne est encore de 0^m, 35 par kilomètre (0^m, 00035).

Les circuits sont le résultat de l'obstacle apporté par la lenteur de la Seine à l'écoulement des eaux de la Marne, la pondération des courants exigeant que le plus rapide s'affaiblisse en se contournant.

Les courbes s'atténuent avec l'influence du barrage en s'éloignant du confluent.

La largeur de la vallée atteste le mouvement des eaux surmontant leur lit et s'agitant lors de la formation dans l'axe commun des varennes de Gournay à la Seine.

2

2ᵉ *Section.*

Entre Gournay et Dampmart, le cours de la Marne est à peu près direct, puisque le développement produit par les courbes n'entre que pour 5 kilom. dans un parcours de 19. Nulle agitation en dehors du lit n'ayant fait obstacle au dépôt des sédiments, dans la partie la plus droite, les coteaux y sont rapprochés de la rivière. La pente de cette section se réduit en moyenne à 0^m 10 par kilom.

3ᵉ *Section.*

De Condé-Ste-Libiaire à Dampmart, la distance en ligne droite est de 3 kilom.; mais la Marne, faisant en cette section un immense détour, en parcourt 19. Néanmoins elle conserve une pente moyenne égale à celle de la deuxième section.

En comparant entre elles la deuxième et la troisième section, on voit quelle immense disproportion elles eussent présentée dans la rapidité des courants, si la troisième section ne se fût allongée par un grand circuit : la section inférieure n'eût pu écouler l'eau que lui eût envoyée trop vivement la section supérieure. Dans l'impossibilité pour celle qui suit la ligne droite d'accélérer son mouvement en se rapetissant, l'autre section a dû se développer pour ralentir le sien. C'est ainsi que la pondération indispensable s'est établie entre les deux sections.

Obligée à fléchir, la troisième section a cédé mollement à la pression du Grand-Morin, comme le montre la presqu'île qui s'épanouit sous la chute et dans la direction de cet affluent. Si cette presqu'île n'est pas complètement ronde, c'est que la Beuvronne, se jetant dans la Marne en opposition avec le Grand-Morin, a fait rentrer la courbe en dedans au lieu de la laisser saillir. L'action des deux affluents est la même, sauf la différence attachée à l'inégalité des forces.

A son entrée dans la Seine, le cours de la Marne a fléchi, se repliant sur lui-même; il a faibli également au-dessus de Dampmart. Le résultat de ces déviations a été d'affaiblir le courant le plus rapide pour le mettre en harmonie avec le plus lent.

La pression du Grand-Morin a déterminé le sens de la flexion au-dessus de Dampmart; la Beuvronne l'a modifié à l'encontre du Grand-Morin.

Nous verrons que le Grand-Morin, plus lent à son embouchure que la Marne, a maintenu son cours rigide au-dessus de sa chute.

Ainsi, toutes ces directions variées sont l'application d'une même loi.

Notons qu'au-dessous de l'embouchure du Grand-Morin est un monticule de 106 mètres d'altitude, dépassant de 60 mètres environ le pied de la colline. C'est la reproduction du Montmesly, en aval de la chute du Mortbras, dans l'intérieur du confluent de la Seine et de la Marne.

4ᵉ *et* 5ᵉ *Sections.*

Entre l'embouchure du Grand-Morin et celle du Petit-Morin, c'est-à-dire de Condé-Ste-Libiaire jusqu'à la Ferté-sous-Jouarre, la Marne se divise en deux parties d'un caractère différent dont la limite est à Changis, dénomination qui fait image.

De la chute du Grand-Morin à Changis, quoique la distance à vol d'oiseau ne soit que de 16 kilom., la Marne en parcourt 48, triplant l'étendue de son cours par ses sinuosités, ce qui n'empêche pas qu'elle conserve encore une pente de plus de 0ᵐ, 08 par kilom.

Ces détours de la Marne contrastent avec la ligne aussi droite que possible qu'elle suit de l'embouchure du Petit-Morin à Changis, dans un intervalle de 9 kilom.; mais la faiblesse de la pente de cette partie exigeait qu'il n'en fût rien perdu, car dans ce parcours elle n'est que de 0ᵐ, 05 par kilom.

Les sinuosités étant indispensables à la pondération du courant, la forme en a été déterminée par divers affluents. On peut remarquer notamment que l'effet bien apparent de la Thérouanne est d'une identité frappante avec celui de la Beuvronne, mentionné sous la troisième section.

La colline de la rive gauche, entre la Ferté-sous-Jouarre et Changis, est très-rapprochée de la Marne et s'élève rapidement à cause du calme des eaux de ce coté. Elle s'allonge lentement sur la rive droite parce que les eaux des affluents s'y agitèrent, comme l'indique leur cours.

LE GRAND-MORIN.

De Crécy à son embouchure, le Grand-Morin suit une ligne droite. Cette direction, qui se maintient pendant 10 kilomètres, contraste avec la flexion de de la Marne sous la chute de cet affluent. C'est le résultat de l'inégalité de pente des deux cours d'eau. Le Grand-Morin, plus lent, s'est maintenu, et la Marne, trop rapide si elle eût été directement de Condé-Ste-Libiaire à Dampmart, décrit un immense circuit qui ralentit son cours. C'est ainsi que les deux rivières se sont équilibrées.

Il ne faudrait pas attribuer au Grand-Morin seul la déviation de la Marne. Son action a été secondée par la résistance que la section inférieure de Dampmart à Gournay devait faire par sa lenteur à la section contiguë et supérieure de Condé à Dampmart, trop vive sans la modération causée par son vaste détour.

2° Le lit du Grand-Morin, entre Crécy et Coulommiers, présente une fréquente alternative de lignes droites et sinueuses. Du Moulin de Genevray à Condé son cours est direct, mais au-dessus de Genevray est la presqu'île ou varenne de Guérard. Du Moulin de Pommeuse à celui de Courbetin c'est à peine si le lit éprouve quelques légères fluctuations; mais entre Courbetin et Coulommiers est la varenne de Triangle, dont le nom peint la forme. Lignes droites et courbes sont une nécessité de la pondération du courant.

3° Beaucoup plus haut, par delà Coulommiers, la

Ferté-Gaucher, Esternay, au-dessus des forêts du Gault et de la Traconne, entre lesquelles il coule, le Grand-Morin offre une particularité méconnue jusqu'ici. A Mœurs (long. E. 1° 21', lat. N. 48° 23') sa vallée se bifurque et ses eaux se partagent naturellement avec un ruisseau appelé autrefois la Superbe, et le plus souvent aujourd'hui les Auges, qui se précipite des terrains tertiaires de la Brie sur le terrain crayeux de la Champagne, arrose Sézanne et se jette dans l'Aube à Boulages. Le Grand-Morin coule vers le nord-ouest, et la Superbe vers le sud-est ; leurs cours opposés forment une ligne droite dont les deux extrémités sont à 120 kilom. l'une de l'autre. Les eaux divisées à Mœurs se retrouvent réunies au confluent de la Seine et de la Marne, enveloppant une île de 400 kilom. de tour, qui s'étend sur quatre départements : la Marne, l'Aube, Seine-et-Marne et Seine-et-Oise.

Pour que deux cours d'eau coulant dans les terrains tertiaires, en Brie par exemple, se confondent, il faut que les collines intérieures qui constituent les parois du plateau séparatif s'unissent et disparaissent au-dessus du confluent. C'est précisément le contraire qui se voit à Mœurs, pour la bifurcation du Grand-Morin et de la Superbe. La division du courant s'est opérée par un coteau mitoyen s'élevant entre les deux rivières, à 40 m. au-dessus de leur lit. Il est vrai que par suite de l'abaissement du niveau des eaux qui s'est produit en Brie, comme dans tous les pays où la culture des céréales est substituée depuis des siècles à la végétation spontanée des forêts, on a établi un barrage au-dessus de la bifurcation, avec un système d'auges qui assure l'alimentation de la Superbe, à l'exclusion du Grand-Morin, dans les temps d'étiage. Mais ce travail, auquel elle doit son nouveau nom, n'altère pas le caractère purement naturel de la bifurcation, qui remonte à la formation géologique du plateau et dont on peut se faire une idée parfaitement exacte par le dessin qu'en donne la carte de France du Dépôt de la Guerre.

Quoique ce soit un phénomène très-rare et dont il n'y a pas d'autre exemple en Europe, qu'un cours d'eau se partageant entre deux bassins distincts comme ceux de la Marne et de l'Aube, la bifurcation que je signale ici a échappé jusqu'à ce jour à l'attention publique et à l'observation des savants. Elle n'est même indiquée en aucun ouvrage de géographie locale. Son origine géologique est d'ailleurs facile à expliquer par la théorie dont j'ai entrepris l'exposition. Au commencement de la formation des terrains tertiaires, un éboulement survenu sur les confins du plateau a permis à la Superbe de se déverser sur le terrain crétacé. La formation s'est accomplie en laissant subsister le double courant et en édifiant la double vallée.

L'AUBETIN.

1° Cet affluent, le plus important du Grand-Morin, lui donne ses eaux au-dessus de Pommeuse, plus près de Coulommiers que de Crécy. Il dévie en inclinant à l'ouest vers son embouchure, de manière à former un angle aigu avec le Grand-Morin, qui maintient sa direction sans fléchir. L'affluent ainsi repoussé a débordé des deux côtés de son lit lors de la formation de la Brie, comme l'indique l'élargissement de la vallée. Mais son action ne s'étant pas étendue sur la rive droite du Grand-Morin, la colline, de ce côté, s'élève au-dessus des eaux sans intervalle.

C'est justement le contraire de ce qui se voit à la chute du Grand-Morin dans la Marne, la flexion se faisant indifféremment, selon les besoins de la pondération du courant, sur l'affluent ou sur la rivière principale. En effet, la pente moyenne du Grand-Morin, de 1 m. 15 par kilom. sur toute son étendue, se réduit à l'embouchure de l'Aubetin à 1 m. pour une longueur totale de plus de 4 kilom. L'Aubetin, plus rapide, a dû se replier sur lui-même.

2° Les coteaux de la rive gauche de l'Aubetin sont en général plus raides que ceux de la rive droite, notamment dans la partie intermédiaire de son parcours, entre Frétoy et Beauteil. Cette différence s'explique par le partage des eaux entre l'Yères et l'Aubetin qui se faisant à l'avantage de celle-là, ne laisse arriver aucun affluent à l'Aubetin. Le calme a favorisé la raideur des coteaux.

3° L'Aubetin, qui a sa source aux Viviers, près de Montaiguillon, non loin de la jonction des départements de la Marne, de l'Aube et de Seine-et-Marne, a conservé un cours permanent sur toute son étendue, longue de 64 kilom. , jusqu'à la sécheresse excep-

tionnelle de 1859. On le citait même comme poisson-
neux. Mais il ne coule plus constamment depuis cinq
ans que sur le tiers inférieur de son parcours, Ce fait
témoigne de l'abaissement continu du niveau des
eaux et montre comment tant de petites vallées sont
veuves de leurs sources. La conclusion est d'autant
plus admissible que l'Aubetin a entretenu, jusqu'en
1695, l'une des plus grandes nappes d'eau du gou-
vernement général de la Champagne, dans la place
qu'occupe la belle prairie de Montglas, entre Augers
et Courtacon, comme le prouve la carte du géographe
Jaillon. Il y a trente ans, ce pré était encore un infect
marais.

Immédiatement au-dessous des sources était un
moulin abandonné faute d'eau et tombé en ruines il
y a longtemps.

LE PETIT-MORIN.

Les cours d'eau de la Brie coulent dans des vallées
formées par deux collines qui se réunissent au sommet en entourant les sources, sortes de coquilles
circulaires dues à la formation tertiaire. Le Petit-
Morin est le seul dont la vallée manque du cintre
résultant de la jonction supérieure des coteaux. C'est
que, prenant naissance au milieu de la craie, il est
nécessairement dépourvu de l'espèce de couronne-
ment que constitue la superposition des terrains tertiaires. Cette particularité est d'un grand intérêt
géologique. Sans doute, la Marne et la Seine sont

dans des conditions analogues, mais elles viennent de loin, l'altitude de leurs sources domine les plus hauts sommets du plateau de la Brie, et la puissance de leurs eaux est prodigieuse. Ces circonstances suffisent pour voiler les conséquences qui découlent logiquement de l'existence des coteaux qu'elles doivent aux terrains tertiaires. Ces terrains, chacun le sait, sont d'une formation postérieure aux terrains crétacés, puisqu'ils les recouvrent sans jamais en être recouverts. Mais ils sont aussi d'une autre structure. En effet, les terrains crétacés présentent dans leurs altitudes des inégalités désordonnées, relativement aux terrains tertiaires toujours disposés en plateaux que coupent des vallées et dont la double pente latérale et longitudinale est l'effet inéluctable du mouvement alternatif de flux et de reflux qui les a produits. Entre la Seine et la Somme, notamment, le grès vert et la craie apparaissent en relief au milieu des terrains tertiaires. Gournay et Forges occupent deux points d'un mont de grès vert qui commence au sud de Beauvais et se poursuit jusqu'à Neufchâtel; les terrains tertiaires l'entourent, mais ne s'élèvent pas assez haut pour l'effacer. D'ailleurs, ce seul fait que les cours d'eau affleurent le sol dans les terrains crétacés et sont encaissés dans les terrains tertiaires, prouve la diversité des modes non moins que la succession des formations.

Le Petit-Morin, qui se jette dans la Marne à la Ferté-sous-Jouarre, après un parcours de 75 kilom., dont 55 en Brie, prend naissance en Champagne, dans la craie, à Pierre-Morains (long. E. 1° 39', lat. N. 48° 49').

Entre sa source et les terrains tertiaires, on ne trouve que les marais de S.-Gond, dont la longueur ne dépasse pas 20 kilom. ; ces terrains, qui s'en trouvent pour lui livrer passage, s'élèvent de 60 m. au-dessus de la source.

Si la formation du plateau était antérieure à l'éruption de la source, les eaux du Petit-Morin, barrées par le relief de la Brie, se fussent déversées dans une petite rivière champenoise, la Somme, qui donne également ses eaux à la Marne, mais sans pénétrer dans les terrains tertiaires. (C'est l'homonyme de la rivière à laquelle un département doit son nom.) Ce ruisseau, dont le lit est plus bas de 7 m. que la source du Petit-Morin et les marais de S.-Gond, n'en est séparé que par une roche crayeuse de 3 kilom. de large, s'élevant de 7 m. au-dessus du Petit-Morin et de 14 au-dessus du ruisseau de Somme. Pour gagner la Marne de ce côté, le parcours eût été moins long et la pente plus rapide que par la Brie. Il ressort de ces conditions que le Petit-Morin eût pris son cours par la Champagne s'il n'eût précédé le plateau. On doit le reconnaître à moins d'admettre, chose impossible, que ce plateau, avec sa dimension colossale, ait cédé à la pression d'une colonne d'eau qui, limitée par la hauteur du tertre séparatif du Petit-Morin d'avec le ruisseau de Somme, ne pouvait excéder 7 mètres.

Ce point établi, que la source du Petit-Morin comme le terrain crayeux de la Champagne d'où elle jaillit, est antérieure au plateau de la Brie, tout s'explique, tout devient rationnel. Le plateau s'est formé graduellement, de bas en haut, par l'accumulation lente et successive des matériaux qui le constituent; le flux et le reflux de la mer ont été les artisans de l'œuvre. Venu de l'ouest par la Seine et ses affluents, dans le sens opposé à la double inclinaison du plateau, le flot s'est étendu aussi loin que le poussa la force d'expansion. Il s'est élevé sur son propre travail par la puissance de la marée. Mais chaque rivière a maintenu son cours en expulsant les matières qui lui eussent fait obstacle et a ouvert ainsi sa vallée.

ÉLARGISSEMENT PROGRESSIF DE LA VALLÉE DE LA SEINE, DE LA CHUTE DE L'YONNE A CELLE DE L'AUBE.

Le courant de la Seine, dans le voisinage de la Brie, n'offre pas les changements remarquables que nous avons reconnus à la Marne. Aussi, nous avons jugé inutile de nous arrêter à la varenne que le fleuve contourne à Melun, et à la ligne droite qu'il suit de Corbeil à Viry. Nous n'aurions eu qu'à répéter les observations que nous avons faites à propos de la Marne et du Grand-Morin.

Mais en remontant le cours de la Seine, à partir de Montereau-Faut-Yonne, on remarque que la vallée s'élargit progressivement jusqu'à mettre un intervalle de 7 kilom. entre l'embouchure de l'Aube et les coteaux qui s'élèvent en Brie. On en est d'autant plus étonné que le développement de la vallée dans ce sens est en raison inverse de l'importance du courant.

Mais il ne faut pas oublier que pour juger de la disposition des vallées on doit se reporter à la formation. Or, le flot aura souvent débordé le plateau et coulé sur le relief terminal; les eaux se sont ménagé cette voie pour regagner le fleuve, où les conduisait la pente du terrain crayeux. Un élargissement identique, quoique moins prolongé, se remarque à droite et à gauche du Petit-Morin, au-dessus du défilé par lequel il pénètre en Brie. Le même effet s'est produit sur la rive droite de la Marne. S'il n'existe pas également sur la rive gauche, c'est que de ce côté le relief est précédé d'un vaste entonnoir où se précipitent de nombreuses sources, et qui aura reçu et dirigé vers la rivière les eaux qu'à défaut de ce vide le flot eut poussées plus loin à l'extrémité du plateau. Ces évasements des terrains tertiaires constituent de véritables baies par lesquelles les eaux du flot, dépassant le plateau et retombant sur la craie, regagnaient les rivières dont elles suivaient le lit pour retourner à la mer.

Ces débordements expliquent également l'existence d'une roche tertiaire, qui se prolonge sur la Champagne, recouvre la craie et masque le pied du relief.

LA BUTTE DE LUMIGNY ET CELLE DE DOUE.

L'origine de ces deux buttes sises dans l'arrondissement de Coulommiers, semble encore entourée de mystère. On se demande si elles sont un produit de la nature ou de l'art. Cette question souvent faite et demeurée sans réponse [a], n'est-elle pas résolue par le mécanisme d'édification que j'ai signalé? Appliqué à ces buttes, ne montre-t-il pas qu'elles se sont élevées avec le plateau de la Brie?

En donnant la cote d'altitude de la butte de Lumigny (0° 38' long. E., 48° 43' lat. N.) avec toutes celles des autres sommets de la rive gauche de la Marne, j'ai montré que, supérieure au *Moulin de Jossigny* à l'ouest, et inférieure à *Montebise* à l'est, son élévation est en rapport avec sa situation. Il en est de même de la butte de Doue (0° 50' long. E., 48° 53' lat. N.), haute de 181 m., l'un des points géodésiques du réseau de la carte de France. Elle est en relation avec *Montebise*, qui s'élève du côté de l'ouest à 175 m., et le territoire de *Basserelle*, à l'est, qui atteint 208 m. La concordance de ces divers sommets avec la pente générale du plateau de la Brie, de l'est à l'ouest, ne laisse aucun doute sur la formation naturelle de ces buttes. Ce point acquis, il ne me reste plus qu'à indiquer les conditions auxquelles elles doivent leur physionomie conique si tranchée.

C'est à la faveur du calme que les sédiments se sont précipités pour constituer ces buttes, et c'est à l'agitation des eaux vives que sont dus les creux du voisinage qui leur donnent tant de relief. Comment en douter, quand la structure particulière de chaque

---

[a] Dulaure, Environs de Paris.

M. Pascal, Histoire du Département de Seine-et-Marne.

Et beaucoup d'autres.

butte correspond à la disposition des cours d'eau environnants?

La forme de la butte de Lumigny est celle d'un mamelon dominant de toutes parts, d'à peu près 40 m., la plaine qui s'étend au pied, parce qu'elle est entourée de divers cours d'eau dont le mouvement a entraîné les sédiments. Mais au centre, sur le point où l'action des eaux vives ne s'est pas fait sentir, ces matières ont donné naissance à la butte en s'accumulant. Les cours d'eau qui l'ont rendue ainsi apparente sont l'Aubetin, affluent du Grand-Morin; le ruisseau de Mortcerf, autre tributaire du Grand-Morin; le petit bras de l'Yères et le ruisseau qui arrose la Houssaie, Marles et Fontenay et se jette dans l'Yères au-dessous de Chaumes.

Autre est la configuration de la butte de Doue, au-dessus du confluent de deux faibles ruisseaux qui, après avoir baigné, l'un le village de Mélarchez à l'est, et l'autre le hameau du Plessier à l'ouest, se réunissent au sud de la butte pour constituer le ru des Avenelles, affluent du Grand-Morin. La butte domine la plaine sur ces trois aspects. Elle présente, au-dessus du confluent, une croupe haute de 42 m. L'action des eaux vives a détourné les sédiments en même temps qu'en dehors de leur mouvement se sont déposés les matériaux dont la butte se compose. Mais au nord, en opposition avec le confluent et en dehors du courant des eaux, le plateau continue à s'élever lentement jusqu'à Bois-Boudry où il atteint 185 m. et gagne la crête des versants opposés du Petit-Morin et du Grand-Morin.

La vue de la butte de Douc est favorisée du côté de l'ouest par les vastes étangs de la Loge, dont les sources ont déterminé une telle concavité à la surface du terrain, qu'ils occupent entre Montebise et la butte le passage par lequel on a le moins à s'élever pour aller du Petit-Morin au Grand-Marin.

On suit les mouvements du flux et du reflux dans les contours et les ondulations du sol. Le flot qui charria les sédiments dont est formée la butte de Lumigny vint et se retira d'un côté par la Seine, l'Yères et le ruisseau de Marles, et de l'autre par la Marne, le Grand-Morin, le ruisseau de Morcerf et l'Aubetin. L'emplacement qu'elle occupe fut à la fois le point de réunion et de partage de ces divers courants. Quant à la butte de Douc, sur le versant septentrional du Grand-Morin, elle est formée de sédiments que déposa le flot entre les deux petits ruisseaux qui en font une presqu'île.

NOUVELLE PREUVE DE LA PRÉEXISTENCE
DES SOURCES,

TIRÉE DE LA PENTE DU PLATEAU DE LA BRIE EN OPPOSITION
AVEC LA DIVERGENCE DES COURS D'EAU.

J'ai dit que les roches tertiaires du plateau de la Brie ont deux pentes : l'une longitudinale, qui descend de l'est à l'ouest, comme le courant de la Seine, et l'autre latérale, s'abaissant du nord au sud perpendiculairement au fleuve. L'existence de cette double pente est prouvée par les altitudes des divers points de partage des eaux, s'élevant constamment sur toute l'étendue du plateau dans les deux directions nord et est. La démonstration m'a paru si complète que j'ai jugé inutile de la confirmer par l'indication des lieux les plus élevés des nouvelles divisions administratives de la Brie. Les deux pentes se résument par une pente oblique dont le sommet occupe le nord-est de chaque circonscription. C'est la position du pâtis de Troissy par rapport à la Brie.

Si l'on veut chercher la plus grande altitude de la partie de l'arrondissement de Melun, sise à droite de la Seine, on la trouvera à la naissance du ru d'Encœur, sur le territoire de Bailly-Carrois (lat. N. 48° 36', long. E. 0° 42'), limitrophe des arrondissements de Coulommiers et de Provins, où la terre s'élève à 137 mètres au-dessus du niveau de la mer. Dans l'arrondissement de Provins, toujours à droite de la Seine,

3

elle est à Baleine, commune de S.-Martin-du-Boschet
(lat. N. 48° 44', long. E. 1° 8'), où le plateau monte à
205 mètres, près du département de la Marne. Dans
celui de Coulommiers, elle est voisine du hameau de
Saint-Georges, commune de Verdelot (lat. N. 48° 54',
long. E. 1° 1'), où un monticule atteint 215 m., sur
la lisière du département de l'Aisne.

Cette dernière altitude est la plus élevée du département de Seine-et-Marne, encore bien que par une
erreur matérielle, qui va être rectifiée sur mes observations, la légende de la carte de ce département ait
désigné, comme en étant le point culminant,
Cocherel, dans l'arrondissement de Meaux, avec une
altitude de 209 m., inférieure de 6 m. au faîte du
monticule de Saint-Georges. Je me suis aperçu de
l'inexactitude de cette énonciation, répétée dans tous
les ouvrages s'occupant de la topographie de Seine-
et-Marne, qui ont passé sous mes yeux, à l'aide de ma
théorie de la formation des terrains tertiaires de la Brie.
Au lieu de me livrer à une longue et fastidieuse com-
paraison de toutes les hauteurs, pour trouver l'altitude supérieure, je me dirige à la place qu'elle occupe
nécessairement comme conséquence du mode d'édification du plateau, c'est-à-dire au nord-est de chaque
district. Cette méthode a le double avantage d'abré-
ger les recherches et de préserver des erreurs.

L'existence de la double pente latérale et longitudinale, se réduisant en une seule pente oblique qui
descend de toutes les parties du plateau vers le sud-
ouest, eût infailliblement conduit à la Seine directe-

ment par des lignes symétriques et parallèles tous les cours d'eau de la Brie, s'ils n'avaient commencé à couler avant la formation tertiaire. Les ruisseaux et les rivières de cette contrée, sans exception, eussent suivi l'inclinaison oblique résultant de la combinaison des deux pentes. Aucune, par exemple, n'eût abouti à la rive gauche de la Marne, dont la situation est en opposition avec la pente du plateau ; mais les eaux de la Brie se partagent entre la Seine et la Marne parce que les sources sortaient du terrain crayeux et y avaient leur lit à la surface, avant la survenance des terrains tertiaires.

La divergence des cours d'eau, dont l'un passe de Champagne en Brie par une haute et longue section dans le plateau, quand d'autres se précipitent des terrains tertiaires sur la plaine crayeuse ; la direction variée de ceux qui coulent en Brie, les uns s'abaissant vers la Seine et les autres vers la Marne ; les circuits plus ou moins nombreux qu'ils décrivent tous ; les inégales inclinaisons qui se rencontrent entre eux comme dans les différentes parties du même ruisseau ; tous ces faits indiquent que les eaux des sources coulaient sur la craie mamelonnée et accidentée avant qu'elle fût recouverte par les roches tertiaires d'une pente oblique uniforme. Mais ce qui prouve invinciblement que les vallées proviennent de la superposition postérieure et additionnelle du plateau, c'est que leur profondeur dépend uniquement de son épaisseur, comme le marque la hauteur des coteaux.

Deux observations sont communes à toutes les vallées de l'intérieur de la Brie : premièrement, leur profondeur décroît dans le sens opposé au cours de l'eau, parce que leur inclinaison est plus rapide que celle du plateau, soit à cause de l'altitude primitive des sources dans le terrain crayeux, soit par la surélévation de l'orifice provenant de la formation tertiaire. Et deuxièmement, les collines de la même vallée sont d'inégale hauteur, celle du sud ou de l'ouest étant toujours moins haute que celle de l'est ou du septentrion. La disproportion est plus grande entre coteaux éloignés, appartenant à plusieurs vallées. La différence provient de ce que la puissance du plateau s'accroît du midi au nord et de l'occident à l'orient. De là résulte que les vallées qui déversent leurs eaux dans la Seine n'acquièrent pas la profondeur de celles qui sont tributaires de la Marne; et que sur chacune de ces deux rivières la profondeur des vallées, mesurée à l'embouchure, s'accroît en raison directe de l'éloignement du confluent de la Seine et de la Marne. Ce n'est pas que le pied des collines descende plus bas sur la Marne que sur la Seine, mais le faîte est plus élevé. Le coteau de la rive gauche de la Marne surmonte de 131 m. la chute du Petit-Morin et ne s'élève que de 93 m. au-dessus de la bouche du Grand-Morin ; c'est qu'en effet ce coteau s'abaisse incessamment depuis Troissy jusqu'à la Seine. L'inclinaison des terrains tertiaires étant plus grande que celle de la Marne, la colline se rapetisse en s'avançant vers la Seine. Un mouvement contraire se produit pour les vallées qui découpent le plateau, parce que l'altitude

de la Marne, lorsqu'elle entre dans les roches tertiaires, est beaucoup plus basse que les sources des
affluents que lui donne la Brie.

A ces seules remarques on reconnaît deux formations géologiques de structure et de conditions différentes, dont la dernière est nécessairement postérieure
aux sources. Outre que la divergence des cours d'eau
s'accorde parfaitement avec la disposition du terrain
crayeux sur lequel leur lit fut assis primitivement, elle
ne saurait se concilier avec la pente naturelle des terrains tertiaires. D'ailleurs, tous les mouvements inté-
rieurs du plateau, depuis les plus douces ondulations
jusqu'aux escarpements les plus abrupts, révèlent la
présence et l'action des rivières maintenant leur
passage entre les dépôts sédimentaires, lors de la formation tertiaire.

Il est impossible d'admettre que les eaux ont ouvert
les vallées après la formation du plateau, en le dé-
chirant et le découpant dans tous les sens, puisqu'elles
eussent été entraînées dans une même direction par
la pente oblique. L'opinion des géoloques en faveur
de l'érosion ne saurait continuer à prévaloir à l'encontre d'une loi physique. On ne peut plus la justi-
fier en montrant que les mêmes couches sédimentaires se trouvent à droite et à gauche de chaque
cours d'eau ; car on comprend, sans qu'il soit besoin
d'explication, que le mode de formation constaté par
nos observations se concilie parfaitement avec l'identité des matières déposées sur les deux rives.

Dois-je montrer que la conformation des vallées

contredit le système de l'érosion? Une preuve entre mille suffira. La colline occidentale de la Brie, qui s'étend de la Seine à la Marne, forme une courbe rentrante horizontale, dont les rayons égaux partent de la jonction des deux rivières. Il est impossible d'expliquer par l'érosion l'enfoncement de cette colline à son milieu, en opposition avec l'angle du confluent. Elle eut produit l'effet contraire en déterminant une courbe saillante, dont le double courant eût contourné la base, tandis que la disposition de ce coteau, comme tous les autres accidents des terrains tertiaires, est la conséquence du mode de formation simultanée du plateau et des vallées.

L'INCLINAISON DU PLATEAU EST INDÉPENDANTE DE TOUT SOULÈVEMENT.

Je ne me suis pas dissimulé que le mode de formation constaté par mes observations est en désaccord avec les idées reçues dont M. A. de Humboldt, avec sa grande autorité, s'est fait l'interprète en disant : [a]

« Si les roches d'éruption n'avaient pas soulevé
« les roches sédimentaires, la surface de notre planète
« consisterait en *couches horizontales* régulièrement
« disposées les unes au-dessus des autres. Dépourvue
« de nos chaînes de montagnes, à peine si la surface
« de nos continents serait accidentée par quelques
« ravins, par l'accumulation de quelques détritus,
« *insignifiants produits de la force d'érosion et de trans-*
« *port de faibles courants d'eau.* Mais à toutes les
« époques les forces souterraines ont agi pour modi-
« fier le monde primitif. »

De longues observations me font dire que les roches d'éruption n'ont jamais soulevé le plateau de la Brie non plus que les autres parties du bassin de Paris, depuis la formation des terrains tertiaires. L'intelligence du lecteur appréciera.

Comme la marée monte et s'abaisse incessamment, les stratifications du bassin de Paris qu'elle a produites, modelées par le mouvement alternatif d'ex-

---

[a] Cosmos. 1re partie, p. 289 et 290.

haussement et de retraite, sont nécessairement inclinées. Cette seule observation suffit pour détruire L'HYPOTHÈSE *de l'horizontalité primitive des couches sur laquelle repose le système de soulèvement.* Ce n'est pas tout. Le soulèvement eût agit sur la masse entière du plateau. Or, la base ne présente pas l'inclinaison de la surface ; l'épaisseur du plateau s'accroît de l'ouest à l'est et du sud au nord, *et la pente est l'effet naturel de cette conformation.* Les cours d'eau antérieurs aux terrains tertiaires, en faisant obstacle à la précipitation des sédiments qui eussent rempli leur lit, ont produit les vallées aux collines douces ou rapides dont l'existence est indépendante de toute *érosion.* Enfin, si la pente sur laquelle glissa le flot est lente, à la limite orientale de la Brie est le relief qui représente la puissance de la formation. S'il n'y avait pas eu de cours d'eau, il n'y aurait pas de vallée ; cependant le relief terminal n'existerait pas moins puisqu'il est une manifestation inséparable du plateau dont il indique une face : l'épaisseur.

Il est remarquable que la formation ne finit pas en s'amincissant pour se niveler avec la craie, mais qu'au contraire le relief terminal s'élève brusquement jusqu'à 200 m. au-dessus du sol crétacé. Ce mouvement, *indépendant de tout soulèvement comme de toute érosion,* provient de ce que les terrains tertiaires n'ont pas été formés par la pleine mer, mais par la seule action de la marée s'élevant graduellement avec eux, couvrant et découvrant alternativement l'emplacement qu'ils occupent. Pourquoi le flot s'est-il arrêté où apparaît le relief? Les connaissances actuelles ne répondent pas à cette question. Mais de même qu'on voit à l'œuvre le développement du flot, on comprend très-bien qu'il dut être limité dans l'espace comme dans le temps par le mouvement opposé qui l'éleva et l'abaissa, qui le soutint et le refoula.

On ne peut pas même dire que ce fut par suite du soulèvement d'un point quelconque de l'écorce terrestre que le flux de la mer, s'épanchant sur la craie, forma les terrains tertiaires du bassin de Paris, dont la Brie est un fragment ; car si on assignait cette cause à l'envahissement du flot, on serait conduit à expliquer sa disparition par un mouvement analogue en sens contraire. L'une de ces hypothèses contredit l'autre. Comme on retrouve aujourd'hui toutes les dispositions résultant rationnellement du mode de formation, il est indubitable que le bassin de Paris n'a éprouvé aucune modification violente dars sa structure, ni dans son inclinaison.

A mes yeux, attribuer les grands mouvements que présente la surface de notre planète au soulèvement des roches sédimentaires par les roches d'éruption, exclusivement, comme l'a fait le vénérable et savant M. A. de Humboldt, c'est exagérer la part d'action des soulèvements, et méconnaître les effets variés et multiples de formations successives, dont chacune a ses conditions propres et sa structure particulière.

CONCLUSIONS.

Si le procédé d'édification que j'ai tenté d'exposer est exact, comme mes nombreuses observations, d'accord avec l'hydrologie, m'autorisent à le croire, le mouvement de la mer et la préexistence des sources fournissent une explication satisfaisante du mélange que renferme le plateau de la Brie, comme d'autres terrains tertiaires, de corps organisés appartenant aux régions tropicales et aux climats tempérés, à la mer et aux rivières, sans prêter au sol crétacé et à notre contrée une richesse de production et une élévation de température que ne justifient pas des fossiles transportés. On trouvera dans l'action des flots, dans la pesanteur spécifique des matières et dans d'autres causes d'agrégation, l'explication de la diversité des roches. On aura enfin une nouvelle voie pour l'exploration des phénomènes de l'écorce terrestre.

Et d'ailleurs, depuis que j'ai pu me rendre compte par le mode de formation de la Brie, des moindres mouvements du plateau, de la conformation des vallées et des sinuosités des cours d'eau, je sens qu'à la contemplation de la beauté des sites s'ajoute un nouvel attrait : l'étude des lois physiques. La pondération des cours d'eau est un des exemples les plus remarquables des harmonies de la nature. La structure des vallées témoigne de l'opposition que l'écoulement des rivières fit à l'envahissement des flots. On retrouve jusque dans les plus légères ondulations du sol la voie qu'ils suivirent pour s'élever et descendre.

V. PLESSIER.

La Ferté-Gaucher, Octobre 1864.

L'auteur accueillera avec reconnaissance toutes les communications qu'on voudra bien lui faire, quel qu'en soit le sens, sur ses observations et déductions.

Provins. — Imp. de Lebeau.

www.ingramcontent.com/pod-product-compliance
Lightning Source LLC
LaVergne TN
LVHW011357170726
843501LV00006B/1881